ANNETTE PRÄKELT
VERENA BEGEMANN
ANNA AUERBACH

Retriever

EINE LIEBESERKLÄRUNG

MIT KOSMOS MEHR ENTDECKEN
Vom *Glück*,
mit einem
Retriever
zu leben
SEIT 1822

KOSMOS

ZU DIESEM BUCH

Es gibt nichts Schöneres als einen Hund, der seinem Menschen gefallen und für ihn arbeiten möchte. Mit Augen, die einen so freundlich anschauen, als wollten sie sagen: »Egal was passiert, ich werde dich immer lieben.« Und es gibt keine Rasse, die diesen »Will to Please« so umwerfend charmant zelebriert wie die Retriever.

Ihr sanftes Wesen, ihr großes Herz, ihre Charakterstärke und ihre Anpassungsfähigkeit machen sie zu gutmütigen Familienhunden. Doch wer nur mit ihnen kuscheln will, verkennt ihr Wesen. Erst wenn sie gebraucht, beschäftigt, motiviert und gefordert werden, entfalten sie ihr Potenzial. Sie sind bereit, Freude zu teilen, aber auch Traurigkeit und Bürde. Sie übernehmen Verantwortung, haben ein unglaubliches Einfühlungsvermögen und apportieren für ihr Leben gern – einen hinuntergefallenen Bleistift mit gleicher Begeisterung wie ihr über alles geliebtes Dummy.

Deshalb sind sie besonders gut dafür geeignet, Menschen mit Handicap dabei zu helfen, ihren Alltag zu bewältigen. Das habe ich in England Ende der 1990er-Jahre staunend beobachten dürfen, als ich mich dort mit den Ausbildungsmethoden der renommierten Organisationen GUIDE DOGS FOR THE BLIND und DOGS FOR THE DISABLED vertraut machte. Seit meiner Rückkehr und der Gründung von VITA E.V. ASSISTENZHUNDE bilde ich mit meinen Mitarbeitern nun selbst Golden und Labrador Retriever für Menschen mit Behinderung aus. Und ich bin immer wieder von Neuem beeindruckt, mit welcher Sensibilität und Freude die Hunde in ihre Aufgabe hineinwachsen. Im Team mit ihrem Menschen sind sie Helfer, Freund und Seelentröster. Wenn Bindung und Beziehung stimmen, wenn sie Wertschätzung und Respekt erfahren, wenn sie nicht nur Aufgaben haben, sondern ihren Charakter bewahren und immer wieder einfach nur Hund sein dürfen, vollbringen sie jeden Tag kleine Wunder, schenken ihrem menschlichen Partner Unabhängigkeit, Lebensfreude und – bedingungslose Liebe.

Vieles von dem, was ich heute weiß, habe ich von meiner wunderbaren Golden-Dame MIGHTY gelernt, die wie kein anderes Wesen mein Herz berührt hat. Wir haben einander bedingungslos vertraut. MIGHTY konnte in meine Seele schauen. Zur Verständigung reichten Blicke. Zwölfeinhalb Jahre hat mich dieser kluge, mutige und souveräne Hund begleitet. Ohne sie würde es VITA nicht geben. Sie gab und gibt mir immer noch die Kraft und die Inspiration, mich dieser Aufgabe zu stellen.

Seit beinahe fünfundzwanzig Jahren arbeite ich nun mit diesen großartigen Hunden und ich werde nie müde, über sie zu staunen und ihnen Dankbarkeit und Respekt zu zollen. Deshalb freue ich mich auch über dieses Buch mit seinen berührenden Fotos, Texten und Geschichten. Den Autoren ist tatsächlich das Kunststück gelungen, immer wieder für kurze Momente das Wesen und den Charme dieser liebenswerten Hunde zwischen zwei Buchdeckel zu bannen.

Ich bin sicher, dieser Bildband wird allen Retriever-Freunden und denen, die es werden wollen, viel Freude bereiten. Und diese Hunde haben die Aufmerksamkeit verdient. /

TATJANA KREIDLER
Gründerin von VITA Assistenzhunde e. V.

VITA e. V. ist ein gemeinnütziger Verein, der Assistenzhunde ausbildet und diese Kindern und Erwachsenen mit Handicap zur Seite stellt. Die Mensch-Hund-Teams werden von VITA ganzheitlich ein Leben lang betreut. Im Jahr 2000 durch die Diplom-Sozialpädagogin TATJANA KREIDLER gegründet, leistete VITA vor allem mit der Ausbildung von Assistenzhunden für Kinder Pionierarbeit.

KAPITEL 01

SECHS

IM PORTRÄT

RASSEN

»Meiner Meinung nach sollte er freundlicher Natur sein, gefallen wollen, keine Anzeichen von Aggression zeigen. Er sollte die Liebe zum Apportieren haben und die natürliche Fähigkeit zu jagen.«

JOHN HALSTEAD

URSPRUNG
GROSSBRITANNIEN

FCI-STANDARD NR. 122

LABRADOR RETRIEVER

Fragt man einen Labrador-Besitzer nach den typischen Wesensmerkmalen seines Hundes, fallen fast immer dieselben Begriffe. Der typische Vertreter der Rasse ist fröhlich, freundlich, anpassungsfähig, begeistert von Menschen, arbeitsfreudig, intelligent, charmant, relativ leicht zu erziehen, wasserfreudig. Und verfressen.

Die ersten gezielten Zuchtversuche fanden in Großbritannien statt, wo der mittelgroße Labrador die beliebteste Hunderasse überhaupt ist. Das kurze, stockhaarige Fell mit dichter Unterwolle macht aus ihm einen wetterfesten, robusten Hund, der auch bei eisigen Temperaturen durchaus nicht abgeneigt ist, ins Wasser zu gehen. Die Vorfahren stammten von den Küsten Neufundlands und wurden Kleiner Neufundlandhund oder St.-John's-Hund genannt. Sie halfen den Fischern, die Netze einzuholen, oder apportierten die Fische selbst aus dem Wasser. Einige dieser Hunde wurden im Laufe des 19. Jahrhunderts nach England gebracht, wo sie mit anderen Rassen verpaart wurden und wegen ihrer Herkunft den Namen Labrador bekamen. »Der Labrador Retriever dürfte dafür bekannt sein, dass er ein sehr dichtes Fell hat, das Wasser wie Öl abweist.«, sagte einer der frühen englischen Züchter JAMES HOWARD HARRIS, der 3rd Earl of Malmesbury.

Das englische Königshaus besitzt und züchtet seit 1911 unter dem Namen Sandringham sehr erfolgreiche Labradore. HRM QUEEN ELIZABETH ist eine große Liebhaberin dieser Rasse und man sagt ihr bis heute einen ausgeprägten Hundeverstand nach.

Seine Leichtführigkeit und sein sonniges Gemüt haben den Labrador über die Jahrhunderte vom idealen Jagdbegleiter zu einem ebenso idealen Familienhund werden lassen. Als eigenständige Hunderasse wurde er aber erst 1903 vom Englischen Kennel Club anerkannt. Zuerst wurden offiziell nur die Farben Schwarz und Gelb gezüchtet, die Farbe Braun oder auch Chocolate erst ab 1964 akzeptiert. Inzwischen haben sich allerdings zwei Labradortypen international etabliert, dabei spricht man einmal von den Standardlinien und den sogenannten Field-Trial- oder auch Arbeitslinien.

Die beiden Linien unterscheiden sich nicht nur im Exterieur. Ein stämmiger Körperbau und ein kräftiger Kopf sind heutzutage auf Hundeausstellungen das bevorzugte Idealbild eines Labradors. Dagegen erkennt man den Field-Trial-Typ an seinem eher athletischen, leichteren Körperbau und einem meist schmaleren Kopf. Außerdem stellen die beiden Linien unterschiedliche Ansprüche an ihre Halter. Gilt der Standard-Labrador als der nahezu ideale, unerschrockene, fröhliche, manchmal aber etwas distanzlose Familienhund, meist ohne besondere Ansprüche, wird der Field-Trial-Labrador bei ungenügender geistiger und körperlicher Auslastung gern auch einmal zur Nervensäge oder sucht sich seine Beschäftigung selbst, was selten im Sinne seiner Besitzer ist.

Trotzdem haben sich beide Linien die Anpassungsfähigkeit an ihre Umwelt sowie ihre Wesensfestigkeit und Nervenstärke bewahrt und gehören deshalb weltweit zu den beliebtesten Hunderassen. /

GRÖSSE
Rüde 56–57 cm
Hündin 54–56 cm

GEWICHT
Rüde 29–36 kg
Hündin 25–32 kg

Arbeitslinien sind in der Regel leichter.

FELLFARBEN
Schwarz
Gelb
Braun

MERKMALE
kontaktfreudig
intelligent
agil
verfressen
unerschrocken

» Wo immer man sie sieht, beeindrucken sie durch ihre Freundlichkeit, ihre Ruhe, ihre stolze Haltung und nicht zuletzt durch ihre Schönheit. «

PATRICIA BUSCH

URSPRUNG
GROSSBRITANNIEN

FCI-STANDARD NR. 111

GOLDEN RETRIEVER

Golden Retriever sind anpassungsfähig, geduldig, ausgesprochen menschenfreundlich und meist verträglich mit Artgenossen – Nervosität, Scheu oder sogar Kampftrieb sind absolut unerwünscht. Deshalb stehen sie weltweit auf der Hitliste der beliebtesten Hunderassen ganz oben.

Das gelehrige Wesen des Golden Retrievers macht auch Anfängern wenig Schwierigkeiten bei der Erziehung. Wie alle Retrieverrassen wurden auch sie ursprünglich zur Jagd auf Wassergeflügel gezüchtet, doch mit wachsender Popularität und dem Trend zur Schönheitszucht gingen im 20. Jahrhundert einige jagdliche Anlagen verloren. Der Ursprung des Golden ist, wie auch bei den anderen Retrieverrassen, heute nicht mehr ganz nachzuvollziehen. Wahrscheinlich stammt die Rasse auch vom sogenannten Kleinen Neufundländer oder dem St.-John's-Hund ab.

Mitte des 19. Jahrhunderts begann der 1. LORD OF TWEEDMOUTH im schottischen Guisachan mit der Reinzucht, als er einen gelben Wavy Coated Retriever kaufte und mit dazu passenden anderen Hunden, wie dem Tweed Spaniel und dem Setter verpaarte. Dieser Hundetyp war schon vorher in der ganzen Region verbreitet. Der Golden Retriever als eigenständige

Rasse wurde aber erst 1913 durch den Englischen Kennel Club anerkannt. Das Erscheinungsbild des Golden hat sich im Laufe der letzten hundert Jahre deutlich verändert, auch wenn der erste Rassestandard bis in die heutige Zeit nur geringfügige Änderungen erfahren hat. Die ersten reingezüchteten Golden entsprachen vom Typ her eher dem der heutigen Arbeitshunde.

Charakteristisch ist sein harmonischer, gut bemuskelter Körperbau. Das Haarkleid ist mittellang, glatt oder leicht wellig, mit guter Befederung an Bauch und Brust, den Vorderläufen und an der Unterseite der Rute sowie dichter, wasserabstoßender Unterwolle. Die Rute sollte nie über dem Rücken getragen werden, sondern eine Verlängerung der Rückenlinie sein. Farbschattierungen reichen von Creme bis Mahagonirot, allerdings wird diese dunkle Farbe anders als zu den Ursprungszeiten heute im Ausstellungsring nicht mehr toleriert und ist eher bei den Arbeitslinien zu finden. Wie beim Labrador Retriever findet man auch bei dieser Rasse eine Aufspaltung in zwei Linien: eine Standard- und eine Arbeitslinie, auch Field-Trial-Linie genannt.

Golden Retriever sind vielseitig talentiert und einsetzbar für interessante Aufgaben an der Seite ihrer Menschen: ob als Jagdhund, im Dummysport, als Rettungshund, als Spürhund beim Auffinden von Drogen oder Sprengstoff, als Blindenführhund und natürlich als Familienhund.

Nur als Wachhund eignet sich der Golden nicht so gut, was den Satz geprägt hat: »Er bringt dem Einbrecher auch noch den Hausschlüssel.« /

GRÖSSE
Rüde 56–61 cm
Hündin 51–56 cm

GEWICHT
Rüde 30–36 kg
Hündin 25–32 kg

Arbeitslinien sind in der Regel leichter.

FELLFARBEN
Creme
Dunkelgolden
Hellgolden
Golden

MERKMALE
intelligent
freundlich
zuverlässig
liebenswürdig

» Ein lustiger und unterhaltsamer Charakter mit viel Lebensfreude – das ist der Flat!«

URSPRUNG
GROSSBRITANNIEN

FCI-STANDARD NR. 121

FLAT COATED RETRIEVER

Er gilt als der PETER PAN unter den Retrievern, der sich sehr lange sein jugendliches, oft überschäumendes Temperament erhält, was den Besitzern eines solchen Hundes manchmal gute Nerven und viel Humor abverlangt. Dafür werden sie dann mit einem unerschütterlich optimistischen und trotzdem sanften Wesen belohnt.

Der Flat, wie er der Einfachheit halber auch genannt wird, hat einen großen Bewegungsdrang, ist sehr wasser- und apportierfreudig, manchmal etwas extrovertiert, aber mit allem glücklich, wenn er seinen Menschen gefallen kann. Sein Fell ist glänzend, mittellang und flach anliegend, weshalb er seinen Namen erhielt. Lediglich die Läufe und die Rute, die immer in freudiger Bewegung zu sein scheint, haben eine längere Befederung. Das sieht nicht nur schön aus, sondern ist auch hochfunktional für einen Hund, der bei ungemütlicher Witterung, in eisigem Wasser und in dornigem Gelände seiner ursprünglichen Bestimmung als Jagdhund nachgehen musste.

Sein Kopf ist schmal, was ihm ein schlankes und freundliches Aussehen verleiht. Es gibt den Flat in den Farben Schwarz und Leberbraun. Gelb gilt als unerwünschte Fehlfarbe, kommt aber hin und wieder vor. Durch Gentests kann ermittelt werden, ob der Hund Träger dieser Farbe ist.

Die Rasse entstand vermutlich aus dem Wavy Coated Retriever, einem wellhaarigen, grobknochigen Hund mit breitem Schädel, der möglicherweise eine Kreuzung aus Setter und Labrador war und ab 1880 als reinrassig galt. Er war bei den damaligen Wildhütern ein sehr beliebter Jagdbegleiter.

England ist das Ursprungsland; der erste Flat Coated Retriever wurde allerdings erst 1898 ins Zuchtbuch des Englischen Kennel Clubs eingetragen, und es dauerte noch einmal fünfundzwanzig Jahre, bis ein Rassestandard aufgestellt wurde. Heutzutage erfreut sich der Flat, gerade im deutschsprachigen Raum, einer immer größer werdenden Beliebtheit. Die Welpenzahlen in Deutschland haben sich in den letzten zehn Jahren nahezu verdreifacht. Die Mehrzahl der Hunde wird, wie bei allen anderen Retrieverrassen auch, als Familienhund ohne besondere Verwendung gehalten. Dabei kann ein Flat viel mehr sein als nur familientauglich. Man findet ihn unter anderem bei der Rettungshundearbeit, wo ihm sein enthusiastisches Wesen zugutekommt, beim Agility, wo Schnelligkeit gefragt ist, aber auch noch bei der Jagd, wo sein unbedingter Finderwille, gepaart mit ausreichender Eigenständigkeit, dem Jäger gute Dienste leisten.

Ein Flat ist so vieles – aber am liebsten mit seinen Menschen zusammen. Man sagt ihm durchaus HOUDINI-Qualitäten nach, wenn es darum geht, zu seiner Familie und seinen Freunden zu kommen. /

GRÖSSE
Rüde 59–61,5 cm
Hündin 56,5–59 cm

GEWICHT
Rüde 27–36 kg
Hündin 25–32 kg

FELLFARBEN
Schwarz
Leberbraun

MERKMALE
optimistisch
freundlich
selbstsicher
enthusiastisch

» Wer einen treuen, liebenswürdigen und zuverlässigen Partner sucht, findet diesen beim Curly bestimmt. «

THOMAS SCHÄR

URSPRUNG
GROSSBRITANNIEN

FCI-STANDARD NR. 110

CURLY COATED RETRIEVER

Man könnte den Curly Coated Retriever heute leicht mit einem Großpudel oder einem Irish Water Spaniel verwechseln und mit beiden wird ihm ein gewisser Verwandtschaftsgrad nachgesagt. Wie bei fast allen Retrieverrassen lässt sich die genaue Abstammung heute nicht mehr präzise nachvollziehen. Ziemlich gesichert ist inzwischen aber, dass er aus dem schon im 17. Jahrhundert in England bekannten Water Dog hervorgegangen ist, der für seine Wasserfreude und seinen Apportiersinn bekannt war.

Der Rassestandard ist in Großbritannien hinterlegt, wo er 1854 vom Kennel Club anerkannt wurde, als die erste aller Retrieverrassen übrigens. Ab 1860 wurde der Curly, wie er der Einfachheit halber auch genannt wird, in der gemischten Klasse der Retriever zum ersten Mal ausgestellt. Sein Erscheinungsbild ist seitdem nahezu unverändert geblieben. Bei den Förstern und Wildhütern Englands und Schottlands war er bis Anfang des 20. Jahrhunderts über viele Jahre der beliebteste Jagdgebrauchshund, selbstständig arbeitend, mit großer Härte, viel Jagdverstand und unermüdlich. Außerdem brachte er auch einen gewissen Wach- und Schutztrieb mit. Den Namen verdankt er natürlich seiner Fellstruktur: Kurze, harte, feste Locken, die dicht auf der Haut liegen, bedecken den ganzen Körper. Nur das Gesicht, die Front der Vorderläufe und der untere Teil der Sprunggelenke bleiben kurz und glatt behaart. Das Fell gilt als sehr leicht zu pflegen und muss auch nicht getrimmt werden, wie beim Golden oder Flat Coated Retriever. Der Curly hat keine Unterwolle und es gibt ihn nur in zwei Farben: Schwarz und Leberbraun.

Der Curly ist ein imposant wirkender Hund, schon wegen seiner Größe und seinem kräftigen, drahtigen Körperbau. Die Rüden dürfen nach Standard bis zu 69 Zentimeter Schulterhöhe haben, die Hündinnen bis 64 Zentimeter. Und wenn dann ein 41 Kilogramm schwerer Rüde an der Leine zieht, benötigt man schon eine gewisse Standfestigkeit. »Der Curly hat unbedingt Humor und spielt den Clown, auf keinen Fall wird das Zusammenleben mit ihm langweilig.« Er ist ein Spätentwickler und frühestens mit drei Jahren erwachsen. Ausgeprägt sind seine Intelligenz, kombiniert mit einer guten Portion Eigensinn, und große Individualität.

Das alles setzt viel Geduld und Einfühlungsvermögen bei seinen Besitzern voraus, damit auch ein guter Familienhund aus ihm werden kann. /

GRÖSSE
Rüde 64–69 cm
Hündin 58–64 cm

GEWICHT
Rüde 32–41 kg
Hündin 23–32 kg

FELLFARBEN
Schwarz
Leberbraun

MERKMALE
lebhaft
intelligent
eigenständig
freundlich

» Der Chessie ist ein selbstbewusster und mutiger Retriever, der sein Rudel immer beschützt. «

FCI-STANDARD NR. 263

CHESAPEAKE BAY RETRIEVER

URSPRUNG
USA

Der Chessie, wie ihn seine Freunde auch gern nennen, ist der einzige Retriever, dessen Rassestandard in den USA hinterlegt ist, denn hier wurde der erste Chesapeake Bay Retriever 1878 offiziell eingetragen. Die Rasse hieß damals noch Chesapeake Bay Duck Dog und die Hunde waren wegen ihrer Härte und Wasserfreudigkeit bei den Jägern nicht nur im Osten Amerikas beliebt.

Den Namen verdankt er der größten Flussmündung in den USA, die von drei Zuflüssen gespeist wird. Hier begann seine Geschichte 1807 mit einem gesunkenen Schiff, von dem zwei Welpen gerettet wurden: ein rötlicher Rüde namens SAILOR und eine schwarze Hündin mit dem Namen CANTON. Beide waren St.-John's-Newfoundland-Hunde und sie fielen durch ihre große Passion bei der Wasserjagd auf. Es ist nicht sicher, ob sie jemals miteinander verpaart wurden, und trotzdem gelten sie als Urspung des Chessies.

In den folgenden Jahren wurden diese Hunde und ihre Nachkommen mit anderen Jagdhunderassen verpaart und auf ihre Arbeitseigenschaften selektiert: ausgeprägte Wasserfreude, ein dichtes Fell, körperliche Härte, mentale Stärke, Intelligenz und Ausdauer. Durch die besondere geschichtliche Verbindung mit dem Bundesstaat Maryland wurde die Rasse im Jahr 1964 zum ersten Staatshund Amerikas ausgerufen. In den USA wird der Chessie auch heute noch vorwiegend als Jagdhund gehalten, im deutschsprachigen Raum ist die Rasse wenig bekannt. Die Anzahl der eingetragenen Welpen lag in den letzten zehn Jahren immer im mittleren zweistelligen Bereich und es kann durchaus vorkommen, dass man sehr lange auf einen Welpen vom Züchter warten muss.

Der Chessie ist ein selbstbewusster, mutiger Retriever, der Schutzverhalten und Wildschärfe zeigt, das unterscheidet ihn von den meisten anderen Retrieverrassen. Seiner Familie gegenüber ist er sehr loyal und möchte immer mitten im Geschehen sein. Fremden gegenüber verhält er sich meist freundlich zurückhaltend bis desinteressiert. Der heutige Chessie unterscheidet sich deutlich vom ursprünglichen Ostküsten-Wach- und Jagd-Chessie. Die völlig anderen Verhältnisse bezüglich Einsatzgebiet und Umfeld für einen Chessie in Europa haben dazu geführt, dass die allermeisten Züchter auf Verträglichkeit gegenüber Menschen und Artgenossen Wert legen und auf Trainierbarkeit im Sinne eines verbesserten Willens zur Zusammenarbeit.

Das Fell ist einfarbig, und das in acht unterschiedlichen Farbabstufungen von Brown, Sedge und Deadgrass. Es ist dicht, fühlt sich ölig an und besteht aus einem kurzen, rauen, leicht gewellten Mantel mit dichter Unterwolle. Laut Rassestandard darf es nirgends länger als vier Zentimeter sein. Helle oder bernsteinfarbene Augen sind erwünscht. Der Chessie gehört zu den größeren Retrieverrassen. Er ist enorm athletisch und gut bemuskelt.

Ein markantes Zeichen ist die sehr deutliche Mimik. Gegenüber vertrauten Personen *grinst* er viel und gern durch das Hochziehen der Lefzen und zeigt dabei seine ganze Zahnreihe, kombiniert mit einem lauten Brummen oder Gurren. Was mit Chessies unerfahrene Menschen häufig als Aggression interpretieren, ist allerdings freundlich gemeint und eher als Unterwürfigkeit zu deuten.

Nach Meinung erfahrener Züchter ist der Chessie kein Hund für jedermann. Er benötigt eine erfahrene, freundliche, aber auch konsequente Erziehung, die er verstehen und auch akzeptieren kann, und außerhalb des Hauses eine sinnvolle Beschäftigung.

Dann bekommt man einen intelligenten, stets loyalen Begleiter fürs Leben. /

GRÖSSE
Rüde 58–66 cm
Hündin 53–61 cm

GEWICHT
Rüde 29,5–36,5 kg
Hündin 25–32 kg

FELLFARBEN
Brown
Sedge
Deadgrass

MERKMALE
selbstbewusst
mutig
intelligent
loyal
ausdauernd
wachsam

»Das Spiel ist unser Leben – unser Leben ist Spiel.«
PETER BEYTHIEN

FCI-STANDARD NR. 312

NOVA SCOTIA DUCK TOLLING RETRIEVER

URSPRUNG
KANADA

Der Retriever mit dem ewig langen Namen, der deshalb von seinen Anhängern liebevoll nur Toller genannt wird, hat seine Heimat an der Ostküste Kanadas, in Nova Scotia, Neuschottland. Bis zum Ende des 19. Jahrhunderts hieß er dort Little River Duck Dog. Er sprang und spielte an der Uferkante (tolling) und lockte dadurch die neugierigen Enten an, die dann vom Jäger erlegt werden konnten.

Die Anerkennung der Rasse durch den Kanadischen Kennel Club erfolgte 1945, in Deutschland wird er erst seit 1996 gezüchtet. Als eigenständige Rasse wurde der Toller 1981 von der FCI anerkannt und heute findet man die meisten Hunde dieser Rasse überraschenderweise in Schweden, nicht mehr im Ursprungsland Kanada.

Über die Vorfahren gibt es unterschiedliche Meinungen, mal soll er vom Wavy Coated Retriever abstammen, mal ein Mix aus altem Newfoundland-Hund und Labrador-Hunden sein, angereichert mit einem braunen Cocker Spaniel, der später noch durch die Einkreuzung eines roten Setters für die schöne Farbe sorgte. Vermutet wird auch die Einkreuzung eines Shetland Sheepdog, wofür es allerdings keine Beweise gibt.

Mit einer Schulterhöhe von 48 bis 51 Zentimetern bei Rüden und 45 bis 48 Zentimetern bei Hündinnen ist er der kleinste Vertreter der Retrieverrassen. Er gilt als intelligent, robust, wachsam und ziemlich schnell und hat ein hohes Spielverhalten, ist fröhlich, klug, temperamentvoll und besitzt Familiensinn. Kinder sind seine besten Freunde. Fremden gegenüber kann er aber durchaus reserviert sein, doch wer einmal von ihm akzeptiert wird, der gehört zu seiner Gemeinschaft. Ihm ist es wichtig, dass seine Menschen einen guten Draht zu ihm finden, wenn nicht, kann er das durchaus mit Sturheit bestrafen.

Der Toller ist ein sehr guter Schwimmer, der durch sein doppeltes Haarkleid auch bei eisigen Temperaturen ins Wasser geht. Er hat mittellanges, glattes Fell in der bevorzugten Farbe Fuchsrot mit einer weißen Blesse, Weiß an den Pfoten und an der Rutenspitze. Er ist ein sehr vielseitiger Hund, der schnell lernt, deshalb ist er für alle Beschäftigungsmöglichkeiten dankbar, bei denen er seine Lebhaftigkeit und sein Temperament voll entfalten kann. Gern im Dummy-, Agility-, Obedience oder Flyball-Sport ausgebildet, ist er aber auch als Rettungshund geeignet.

Als Jagdbegleiter ist er in Deutschland eher unbekannt und seltener vertreten. /

GRÖSSE

Rüde 48–51 cm
Hündin 45–48 cm

GEWICHT

Rüde 20–23 kg
Hündin 17–20 kg

FELLFARBEN

*Rot**
*Orange**

**mit weißen Abzeichen*

MERKMALE

quirlig
freundlich
gelehrig
verspielt
intelligent

KAPITEL 02

WELPENZEIT

DIE REISE BEGINNT

FLEGELJAHRE

»Dieser eine RETRIEVER-WELPE, *den du dir ausgesucht hast, wird dich in eine* BESSERE WELT *führen.«*

BILL TARRANT
Pionier der Jagd-Retriever-Bewegung in den USA

WILLKOMMEN IM

LEBEN

EINE GESCHICHTE VON
ANNETTE PRÄKELT

Mein erster Labrador-Welpe, ein Rüde, wurde morgens um sieben Uhr im Garten geboren, für mich und auch seine Mutter MALOU völlig überraschend. Er plumpste als schwarzer Klumpen einfach aus ihr raus. MALOU starrte nur auf das Etwas und wusste anfangs nicht, was sie davon halten sollte.

Ich hatte MALOU an der Leine, weil sie mir einige Nächte vorher unter unserem Anbau, der auf stählernen Füßen steht, verschwunden war und sich weigerte, ihre selbst auserkorene Wurfhöhle wieder zu verlassen. Leider ist es an dieser Stelle keine 40 Zentimeter hoch, also machte sich die ganze Familie mit Taschenlampe, Leckerlis und Leinen bewaffnet daran, sie auf dem Bauch kriechend aus der hintersten Ecke unter dem Haus hervorzuholen.

Irgendwie haben wir es schließlich auch geschafft. MALOU hatte ein Einsehen mit unseren Bemühungen um ihre Gesundheit und die ihrer ungeborenen Welpen und tauchte unversehens wieder auf. Und dann geht es schlagartig los. Plötzlich liegen nach endlos langen Tagen des Wartens kleine Wesen in der Wurfkiste. Zwischen 300 und 500 Gramm schwer sind sie bei der Geburt. Nasse Bündel, die auf eine Hand passen, blind und taub, und sie sehen ein bisschen aus wie ein Maulwurf. So beschützenswert, dass sie die Mutterhündin nicht aus den Augen lässt. Und diese Wesen kennen nur einen Weg: zu Mutters Zitze. Die kleinen Körper pendeln mit dem großen Kopf in Richtung ihres warmen Körpers, um dort anzudocken und die erste Milch, die Kolostralmilch, zu trinken.

Mit ihren winzigen Pfoten treten die Kleinen gegen das Gesäuge und werden mit einem dünnen Milchstrahl belohnt. Währenddessen leckt die Hündin jeden Welpen trocken, was sie nur unterbricht, wenn sich die nächsten Wehen ankündigen. Und irgendwann, nach vielen Stunden, ist es geschafft, sind wir geschafft – die Hündin und ich auch. Die Geburt ist zu Ende. Der Raum riecht nach Blut und Nachgeburt, es ist sehr warm. Die Welpen können ihre Körpertemperatur anfangs noch nicht selbst regeln. Deshalb legt sich die Mutter wie ein U um sie herum. Sie verlässt in den ersten Tagen die Wurfkiste nur ungern und möchte am liebsten ihren Nachwuchs immer mit nach draußen nehmen.

Nach 11 bis 14 Tagen öffnen sich schmale Lidspalten, zuerst als winzige Dreiecke, hinter denen man ein blaues Auge sieht. Jeden Tag gehen sie ein bisschen weiter auf. Noch wird die Umgebung wie durch einen Schleier wahrgenommen. Zeitgleich entwickeln sich die motorischen Fähigkeiten; die ersten Welpen versuchen, noch ganz wackelig, auf den Beinen zu stehen, sie fallen um, versuchen es wieder. Die Umgebung wird erkundet, der Radius vergrößert sich Tag für Tag. Sie spielen jetzt zielgerichteter mit den Geschwistern und suchen, retrievertypisch, leichte Gegenstände in ihrer Umgebung, die sie durch die Gegend tragen. Die Mutter verlässt inzwischen für längere Zeit ihre Welpen, um sich von den Strapazen der Vollversorgung zu erholen.

Wenn es das Wetter zulässt, mache ich am Ende der dritten Lebenswoche die Tür zum Garten auf. Die Mutigen sitzen schon nach kurzer Zeit an der Türschwelle, wagen sich noch ein Stückchen weiter. Seltsam, der Untergrund, aber durchaus interessant. Bei diesen ersten kleinen Ausflügen in die große weite Welt verhält sich die Mutterhündin meist sehr wachsam. Da meine Hunde im Rudel leben, habe ich festgestellt, dass sie eine Art Lageplan entwickeln, wenn die Welpen ihre schützende Umgebung verlassen. Eine Hündin liegt meist in der Einfahrt, eine andere direkt vor dem eingezäunten Auslauf. Versucht jemand unser Grundstück zu betreten, wird zumindest ausdauernd Laut gegeben. Das ist anfangs ein Zeichen für den Nachwuchs, sich möglichst schnell wieder in das schützende Innere des Hauses zu begeben.

Und so vergehen die ersten acht Lebenswochen wie im Flug. Die Kleinen kommen in die Prägephase. Sie lernen schon vieles kennen, was später in ihrem Leben eine Rolle spielt oder spielen könnte. Unterschiedliche Geräusche, verschiedene Menschen von klein bis alt, Gras, Sand, Wasser, Steine, Bäume und alles andere, was unser Garten zu bieten hat.

Es wird gespielt, gerannt, gekuschelt, gestritten und vieles gemeinsam erkundet. Bis irgendwann der Tag des Abschieds kommt. Sie ziehen hinaus in die Welt zu ihren neuen Familien, wo sie sich wohlfühlen werden, wo man sie liebt und schätzt und behandelt wie ein Familienmitglied.

Dann weiß ich, warum ich Labrador Retriever züchte. /

»Wer einen kleinen WELPEN *kauft,*
bekommt für sein GELD
wilde und entschlossene LIEBE.*«*

RUDYARD KIPLING
Britischer Schriftsteller und Dichter

»Hunde füllen unser Leben mit LIEBE,
unsere HERZEN mit Hingabe
und unsere Gedanken mit STAUNEN.«

JEFFREY MASSON
Psychoanalytiker und Autor

»Nur ganz **WENIG** *kann dem menschlichen* **HERZEN** *so nahe kommen wie ein* **HUND.**«

TODD BERGER
US-amerikanischer Schriftsteller

»Der Labrador liegt immer und überall im WEG *und kann dabei deutlich* MEHR *Raum einnehmen, als ihm größenmäßig* ZUSTEHT*.«*

VERFASSER UNBEKANNT

WARNUNG AN DIE

ARGLOSEN

EINE GESCHICHTE VON
CHARLOTTE KIEPKER

Bis heute sind Golden Retriever genau die Hunde, mit denen ich es liebe, mein Leben zu teilen. Ausgestattet mit unerschütterlicher Freundlichkeit, was man einen unschuldigen Optimismus nennen könnte, haben sie ein Wesen, das mich immer wieder fasziniert.

Ein Golden Retriever ist ohne Frage ein überaus attraktiver Hund. Sowohl sein Aussehen als auch seine meist freundliche Wesensart verleitet viele Menschen, allein aufgrund dieser Attribute einen Golden anzuschaffen. Dabei wird oft vergessen, dass er ein Jagdhund ist, der ganz speziell für das Apportieren gezüchtet wurde.

Der Golden Retriever ist kein Plüschtier oder ein Hund, der den ganzen Tag nur vor oder auf dem Sofa liegt und das traute Heim mit seiner Gegenwart schmückt. Aber er ist, bei der entsprechenden Beschäftigung, nicht nur als Jagdhund, sondern auch sehr gut als Familienhund geeignet.

Golden lieben das Wasser über alles. Sie nutzen jede Möglichkeit, ins Wasser zu kommen. Jede Pfütze, und ist sie auch noch so klein, wird als willkommene Badegelegenheit genutzt. Aus diesem Grund sind sie oftmals mehr nass als trocken und eher dreckig als sauber. Wenn Sie sich hierüber im Klaren sind und bereit, diesem Hund Liebe, Beschäftigung und gute Erziehung zu bieten, wird er Ihnen der beste und liebste Freund auf Erden sein.

Kann sich irgendein Lebewesen so freuen wie ein Hund? Er springt uns voraus über Stock und Stein, stürzt sich mit Wonne ins Gebüsch, rundum selig, mit der Welt und sich im Reinen. Und gibt es umgekehrt ein Lebewesen, das so enttäuscht sein kann wie ein Hund, wenn wir sagen: »Nein, wir gehen nicht Gassi!« Er sinkt mit schweren Gliedern zu Boden, bietet ein Bild des Jammers: Er lässt die Ohren hängen und blickt mit Augen, in denen das Weiße sichtbar wird, so kummervoll zu uns auf, als hätten wir ihm für immer den Laufpass gegeben. Hunde zeigen schiere Freude genauso wie größten Kummer.

Es gibt natürlich viele gute Gründe, sich keinen Hund anzuschaffen. Das Zerschreddern von Zeitungen zum Beispiel – nicht so schlimm – oder Briefen – schon schlimmer – oder wichtigen Dokumenten – der Super-Gau – ist ein beliebtes Hobby. Das ästhetische Empfinden von Hunden ist ganz anders als unseres. Die kreative Raumgestaltung, meistens in Form von Löchern im Putz oder durch das Entfernen von Türzargen, findet nicht immer unsere ungeteilte Freude. Sie können auch die Tapete von der Wand reißen oder die Ecken der Lieblingskommode begradigen. Auch die Umgestaltung von Fußleisten ist ohne Probleme möglich. Es finden sich Nasenabdrücke an allen erreichbaren Fenstern. Gern läuft von diesem Abdruck auch noch eine Träne das Fenster herunter. Dass ein Fenster nicht bis zum Boden reicht, macht es nicht unbedingt unerreichbar.

Hunde sind immer ausgerechnet dann besonders dreckig, stinken wie die Teufel oder werden krank, wenn es so gar nicht in den Tagesplan passt: beste Kleidung an, zu Besuch, kein Handtuch dabei. Sie haben Durchfall und müssen fünfmal gerade in der Stunde raus, wenn es draußen gießt wie verrückt oder die deutsche Fußballmannschaft im WM-Finale spielt. Der zweite Grund ist zu vernachlässigen, da er nicht so oft vorkommt.

Sie müssen bestimmt genau in dem Moment erbrechen, wenn man auf dem neuen empfindlichen Teppich der besten Freundin steht. Auch hängende Sabberfäden oder vollgesogene zertretene Zecken auf hellem Teppich können zu viel für Zartbesaitete sein. Ihre Designvorstellungen von Schuhen und Socken machen es manchmal notwendig, ihnen diese zu übereignen. Sie lieben Menschen und besonders die, die in weißen Kleidungsstücken vorbeikommen.

Ihre Forschungen machen natürlich auch vor einem Durchbruch im Nachbarsgarten nicht halt. Die in liebevoller archäologischer Arbeit ausgegrabenen Schätze weisen oft schon erhebliche Gebrauchsspuren auf und besitzen häufig auch eine gewisse Patina, die für die Geruchssinne besonders ansprechend ist. Da Frauchen an den gerade gepflanzten Zwiebeln und Büschen im Garten so viel Interesse zeigt, lassen auch die Hunde diesen Pflanzen, in der Regel, ziemlich viel Aufmerksamkeit angedeihen. Das muss nicht immer zum Vorteil der Objekte sein. Ein kleiner dicker Retriever-Hintern, mitten im neuen Rhododendron geparkt, hinterlässt Spuren, die erst nach ein paar Jahren ein wenig zugewachsen sind. Der ehemals gepflegte Rasen sieht bald aus wie ein Truppenübungsplatz.

Alles in allem sind sie aber einfach nur wunderbar! Wer das an dieser Stelle der durchaus ernst gemeinten Aufzählung nicht sagen kann, sollte lieber von der Anschaffung eines Golden Retrievers absehen. Auch wenn selbstverständlich nicht alle Retriever ihre ganze Kreativität in jedem Haushalt ausleben. Letztendlich geht nichts über den arglosen, liebevollen Blick aus den dunklen, Unschuld heuchelnden Retriever-Augen.

Golden Retriever springen mit einem Satz auf unser Sofa und mit einem Augenzwinkern direkt in unser Herz. /

»Ein LABRADOR *ist eine Art ewig Fünfjähriger – auf immer jung, für immer* LIEBENSWERT.*«*

JAMES MICHENER
US-amerikanischer Schriftsteller

»Das wahre GOLD *eines Golden Retrievers*
liegt in seinem HERZEN.«

ROGER A. CARAS
Fotograf

DER LABRADOR SAGT:

»Zeige mir, was du willst; warum, brauche ich nicht zu wissen,
denn ich mache es sowieso auf meine Weise.«

DER GOLDEN SAGT:

»Zeige mir, was du willst, und erkläre mir,
warum, dann werde ich es tun.«

DER FLAT SAGT:

»Ich weiß schon, was du willst, und auch, warum du es willst.
Wenn du mir jetzt Platz machst, werde ich dir zeigen,
wie man es besser machen kann!«

VERFASSER UNBEKANNT

NOUGATNASE

ELIOTT

EINE GESCHICHTE VON

MAILEEN HILBERT

Da war er tatsächlich, der rote Fellball mit den niedlichen weißen Abzeichen, um den ich, zu dieser Zeit frische 13 Jahre jung, so viele Jahre gebettelt hatte. Während ich diesen kleinen Toller-Welpen betrachtete und mir unsere gemeinsame Zukunft ausmalte, hörte ich ein bekanntes, laut forderndes Maunzen durch die geöffnete Terrassentür hindurch.

Drei Jahre lebte unsere Katze schon in unserem Haushalt und ein Maunzen dieser Lautstärke konnte nur eines bedeuten: Sie hatte wieder ein Geschenk der besonderen Art für uns gefangen. Während ich darüber nachdachte, welches arme Tier sie dieses Mal erlegt haben könnte, konnte ich an der Stelle, an der ELIOTT vorher gesessen hatte, nur noch eine kleine rote davonwackelnde Schwanzspitze erahnen.

Unsere Katze hatte das lieb gemeinte Präsent bereits in die Küche getragen, als ELIOTT mit seiner kleinen Nougatnase an beide vor ihm sitzenden beziehungsweise liegenden Lebewesen andockte. Ich bin nicht sicher, worüber unsere Katze mehr erschrocken war. Der Fakt, dass in diesem Haus ein kleines felliges Tier Einzug gehalten hatte oder dass ihr so mühevoll erlegtes Geschenk dem falschen Adressaten zugestellt worden war. Jedenfalls drehte sie auf dem Absatz um und verschwand. »ELIOTT, nein!«, rief ich, als dieser den kleinen toten Spatzen inspizieren wollte. Mit meiner zunehmenden Nähe verspürte ELIOTT wohl den Drang, seinen alleinigen Anspruch auf das so liebevoll drapierte Präsent geltend zu machen, und nahm das erlegte Wild in einer Spontanität auf, die ich bei keinem zweiten Jagdhund bisher beobachten konnte.

Hysterisch nach meinen Eltern rufend und dem Welpen folgend, umrundete ich den Küchentisch. Als ich ihn endlich zu fassen bekam, konnte ich seinen Plan in seinen freudig funkelnden

bernsteinfarbenen Augen erahnen. Es gab nur einen Weg, diesen Vogel unauffällig verschwinden zu lassen. Wie eine Schnappschildkröte legte ELIOTT den Vogel in die für seinen Schlund passende Position und würgte ihn, begleitet von einem leichten Röcheln und genüsslichem Schmatzen, immer weiter runter. Effektiv war das Ganze, wenn auch nicht unauffällig, das musste man ihm lassen!

Wie gelähmt und fassungslos betrachteten meine herbeigeeilten Eltern und ich das Geschehen. »Schnell hochheben!«, schrie meine Mutter in einem Anflug der Erleuchtung. »Na klar!« Auch ich hatte unsere umfangreichen Welpenratgeber gelesen, und diese gaben eindeutig vor, einen Welpen, der einen ungewollten Gegenstand im Maul hatte, hochzunehmen, und dann sollte dieser das Objekt der Begierde reflexartig fallen lassen.

Schwungvoll nahm ich den Welpen hoch, aber diesen schien außer dem Schluckreflex kein anderer Reflex zu überkommen. Den Tränen nah, sah ich dabei zu, wie sich nun auch die kleinen Füße des Vogels in ELIOTTS Maul absenkten, bis mein Vater beherzt nach den Schwanzfedern des Spatzes griff und ihn herauszog, als wäre es das letzte gut gekühlte Bier auf Erden. Nach einem kurzen Moment des Schreckens und dem Blick auf den erfolglos gebliebenen, aber heilen Welpen sowie das vollgesabberte Diebesgut brachen wir alle in Lachen aus. Abgesehen von diesem frühkindlichen Zwischenfall erschütterte ELIOTT unser Vertrauen in ihn nie wieder.

Er begleitete mich in den euphorischsten, verwirrendsten und traurigsten Momenten einer Heranwachsenden und lehrte mich in der Dummy- und jagdlichen Arbeit, indem er mir jeden Fehler verzieh. Noch heute, mit sieben Jahren, funkeln seine Augen beim Apportieren so wie damals, als er voller Stolz mit dem Spatzen im Maul vor mir floh, nur dass er heute glücklicherweise den Weg in meine Richtung wählt.

Und als sei es damals ein kleines Friedensgeschenk gewesen, fungiert ELIOTT auch heute noch als Bodyguard für unsere Katze, sollte sie jemals wieder um Hilfe schreien. /

»WER auch immer gesagt hat,
dass man GLÜCK nicht kaufen kann,
vergaß kleine WELPEN.«

GENE HILL
US-amerikanischer Schriftsteller

»Wir SCHENKEN *unseren Hunden ein klein wenig Liebe und Zeit. Dafür schenken sie uns restlos* ALLES, *was sie zu* BIETEN *haben. Das ist zweifellos das beste Geschäft, das der Mensch je gemacht hat.«*

ROGER A. CARAS
Fotograf

ICH LIEBE MEINE

HELLOU

EINE GESCHICHTE VON
FRANKA AURFALI

Es war der 22. Dezember 2013, ein Datum, das mein, unser, TIMS Leben veränderte. Zwei Tage vor Heiligabend bekam mein damals sechsjähriger Sohn die Diagnose Diabetes mellitus Typ 1.

Die autoimmune Schwäche der Bauchspeicheldrüse ruft einen sofort zum Spritzen verpflichtenden Lebenswandel hervor, mit allen Konsequenzen, die aus einem absoluten Insulinmangel resultieren. Dazu gehört vor jedem Essen den Blutzucker zu messen, das Essen passend in Kohlenhydrateinheiten zu bestimmen und die passende Insulinmenge zu berechnen.

All das lernten wir während unseres bis Silvester andauernden Krankenhausaufenthalts. Die wichtigste Information, die bei mir gefestigt wurde, ist das Vermeiden von Unterzuckerungen, denn diese können im Koma und schlimmstenfalls mit dem Tod enden. Am zweiten Abend nach der Diagnose, den ich wie die folgenden vier bis fünf Monate mit viel Seelenschmerz verlebte, erzählte mir meine Freundin MARITA, dass man Hunde dazu ausbilden könne, Unterzuckerungen zu riechen und entsprechend anzuzeigen.

Ich informierte mich sehr umfassend und lernte schon bald über eine Firma, die auf die Ausbildung von Diabetes-Warnhunden spezialisiert ist, eine Familie mit einem Golden Retriever kennen, die wir dann besuchten, und uns zeigen ließen, dass es wirklich funktionierte. Auch mein Sohn, der bis dahin Angst vor Hunden hatte, war von der Idee begeistert. Mein Mutterherz schäumte über vor Glück. Ich wusste, wir sind hier auf dem richtigen Weg. Und wir hatten großes Glück. Mitte Juli 2014 zog die kleine HELLOU, ein schwarzes Labbi-Mädchen, bei uns ein.

In der Rolle als Beschützer für seinen Babyhund ist mein Sohn aufgegangen und bis heute sind die beiden ein unzertrennliches Paar. TIM ist in dieser Zeit in seiner sozialen Kompetenz stark gewachsen, auch aus der Schule gab es viele positive Rückmeldungen, die sich zeitlich so manifestierten, dass ich es nur auf unseren Hund zurückführen kann.

Nach einem knappen Jahr mit Hund ist morgens immer noch die Erste, die TIM ruft, seine HELLOU, und wenn sie nicht in ihrem Bettchen neben ihm liegt, dann kriecht er mit Decke und Kissen zu ihr runter und es wird ausgiebig gekuschelt. Ein fast täglich gehörter Satz ist: »Ich liebe meine HELLOU!«
Seit Beginn der regulären Ausbildung hat sie mehrfach spontan TIMS Unterzucker angezeigt, ohne dass er es selbst bemerkte. Am meisten hat mich ihre erste selbstständige Anzeige mit vier Monaten verblüfft. Ich räumte abends in der Küche auf und merkte, wie sie in den Suchmodus ging, auch in TIMS Zimmer, und dann zu mir kam und mich ganz zaghaft, fast fragend anstupste. Daraufhin habe ich meinen Sohn sofort gemessen, und tatsächlich: Unterzucker. Nun üben wir weiter an der Kontinuität und Sicherheit ihrer Anzeigen, außerdem soll sie noch das Apportieren der Messtasche lernen. Im November 2016 hat HELLOU dann erfolgreich die Prüfung zum Diabetiker-Warnhund beim DEUTSCHEN INSTITUT FÜR ASSISTENZHUNDE abgelegt.

Ich wiederhole mich gern: Wir sind hier auf dem richtigen Weg. /

»TEMPERAMENT ist ein wesentliches MERKMAL des LABRADOR Retrievers.«

JOHN HALSTEAD
Englischer Labrador-Züchter

EIN IMMER FRÖHLICHER

CLOWN

EINE GESCHICHTE VON
ULRIKE SCHLÖGELL

CANDI war eine von neun Chesapeake-Bay-Retriever-Welpen aus unserem C-Wurf. Sie fiel uns etwa ab der sechsten Lebenswoche dadurch auf, dass sie immer wedelte, sobald sie einen ihrer Menschen erblickte. Bereits mit zarten sieben Wochen konnte sie grinsen. Es war klar, dass sie bei uns bleiben musste!

CANDI / 11 WOCHEN

Alles mit CANDI ist einfach. Sie schläft durch, ist nahezu stubenrein, schläft im Kennel, liebt Autofahren, geht auf alles Neue unbefangen und neugierig zu und die kleine Rute ist den ganzen Tag in Aktion. Böse Zungen in unserem Freundeskreis behaupten ja, »sie hole nur Luft«, aber das kann und will ich mir im Augenblick nicht vorstellen, sondern genieße diese schöne Welpenzeit und schaue fast ein bisschen wehmütig bei dieser rasanten Entwicklung zu.

CANDI / 14 WOCHEN

Die Zeit rennt und CANDI auch – am liebsten mit Full Speed über den betonhart gefrorenen Boden, unter Einlegung abenteuerlicher Stunts, und über meine Nerven. Also gehen wir am Geschirr, mal mit langer, mal mit kurzer Leine – oft in Begleitung unserer alten Chessie-Dame MOKA, die mit ihrer etwas grantigen Art einen sehr beruhigenden Einfluss hat.

»Sitz« üben wir, mit Pfeife und auf Handzeichen, »Fuß«, mit und ohne Leine und Einparken. Außerdem steht Warten auf dem Stundenplan – wenn andere Hunde vorbeigehen, wenn wir über die Straße gehen wollen, wenn Frauchen Dummys wirft oder mit der Nachbarin redet oder bis alle erwachsenen Hunde ihren Futternapf hingestellt bekommen haben. Aber immer lieb geht nicht, und als hätte sie in den letzten Tagen alle Kräfte für Blödsinn gesammelt, ist die Liste von CANDIS Schandtaten lang. Einen riesigen See

unter den Gummibaum zu pinkeln, ist doch eigentlich wie draußen – grüner Busch und harter Boden, nur wärmer. Die Tür zur Gästetoilette aufdrücken, Klopapier abrollen und mit dem langen Papierschweif ins Wohnzimmer galoppieren, die alte MOKA frech verbellen, ihren Opi überfallen und gemaßregelt, aber beleidigt, unter den Esstisch pinkeln, vor der Terrassentür innen winseln, vor der Terrassentür außen winseln – gefühlte hundert Male im Wechsel.

CANDI / 16 WOCHEN

05.59 Uhr Eine himmlische Ruhe im Schlafzimmer, CANDI im Korb neben dem Bett, ihre Menschen noch schlafend.

06.00 Uhr »Fieep!« Frauchen, die immer noch völlig erschlagen in den Kissen liegt, rührt sich nicht. Vielleicht schläft die Kleine ja wieder ein.

06.01 Uhr »Fiiiiep!« Ich atme ganz leise, denn die Hoffnung stirbt bekanntlich zuletzt.

06.05 Uhr CANDI springt ins Bett – direkt auf mein Gesicht. »Hey, du spinnst wohl, runter!«

06.06 Uhr Auf der anderen Seite des Betts schimpft Herrchen: »Kann man nicht einmal seine Ruhe haben?« CANDI hüpft mit einem Satz, freudepieselnd, zu ihm rüber. Alles ist nass, Herrchen brüllt, Frauchen brüllt. CANDI springt vom Bett, flitzt in den Flur, entdeckt Opa SPLASH und hockt sich – wie sollte es anders sein? – vor Freude pinkelnd vor ihn hin.

06.10 Uhr Herrchen hat CANDI am Kragen gepackt und in den Garten gesetzt, Frauchen zieht die Betten ab, und die Zuckerschnute sitzt bedröppelt vor der Terrassentür.

CANDI / 26 WOCHEN

Wegen eines Ausschlags im Nacken gehen wir zu unserem Tierarzt, den CANDI schon von frühen Welpentagen an kennt. Vor der Praxistür angekommen hechelt CANDI stark, was ich zwar registriere, aber bei fast 30 Grad nicht als ungewöhnlich empfinde. Die Praxisklingel ertönt und CANDI lässt einen lautes Bellen hören. »Still, CANDI, lass das!« Ich gebe ihr den Schlüsselbund zum Tragen, was sonst eine ihrer liebsten Übungen ist. Aber dieses Mal landet der Schlüssel gleich auf dem Boden. Während ich mich bücke, um ihn aufzuheben, nutzt CANDI die Gelegenheit und versucht sich durch die noch geöffnete Tür nach draußen zu drücken. Entnervt suche ich mir einen freien Platz, setze CANDI vor mich hin und atme erst einmal tief durch.

»Was bist du denn für ein hübsches Mädchen? Gell, das ist doch ein Mädchen? Ja, das sieht man gleich. Na komm mal her!« Die Frau mit Katzenkorb neben sich beugt sich zu CANDI hin und hält ihr die Hand vor die Nase. Und was macht CANDI? Sie weicht zurück, brummelt leise und versucht auf meinen Schoß zu steigen. Ich fasse es einfach nicht! Das kann nicht mein fröhlicher, extrovertierter Hund sein! Die nette Sprechstundenhilfe kommt hinter ihrem Tresen hervor und bringt einen Hundekeks – CANDI verkriecht sich unter dem Stuhl und ich falle fast von selbigem.

Endlich sind wir an der Reihe. Ich bugsiere meinen widerstrebenden Hund ins Behandlungszimmer und als Erstes auf die Waage. CANDI hechelt zwar, bleibt aber artig sitzen. »Fein gemacht!« Plopp, das Leckerchen landet auf dem Boden. Und dann das: Noch ehe ich mein Anliegen schildern kann, macht meine Kleine einen Riesensatz und versucht tatsächlich durch die blitzblank geputzte Scheibe des Behandlungszimmers in die Freiheit zu springen. Das Fenster hat eine feuchte Stelle und CANDI sitzt etwas belämmert wieder neben mir.

Nachdem die ebenfalls betreten aus der Wäsche schauenden Zweibeiner sich von ihrem Schock erholt haben, gibt es für CANDI keine weitere Chance auf einen Fenstersturz: Die Zuckerschnute wird untersucht, gespritzt und tüchtig gelobt, bevor sie – endlich erlöst – die Flucht nach draußen antreten darf.

Man muss sie einfach lieben! /

KAPITEL 03

MITTEN

ENDLICH ERWACHSEN

IM LEBEN

»Hunde leben für den TAG,
für die STUNDE,
sogar für den MOMENT.«

ROBERT F. SCOTT
Marineoffizier und Polarforscher

»HUNDE wurden speziell für KINDER gemacht. Sie sind die Götter der FRÖHLICHKEIT.«

HENRY WARD BEECHER
US-amerikanischer Prediger

IST HALT EIN

FLAT

EINE GESCHICHTE VON
JULIA BIRK

Trifft man bei einer eher ehrwürdigen Veranstaltung mit seinem noch jungen Flat Coated Retriever ein, wird einem manchmal ein britisch gestelztes: »Oh, ein Flat!« entgegengeraunt. In der Familie der Retriever wirkt der Flat wie der immer nervige kleine Bruder, bei dem noch keiner so genau weiß, was aus ihm einmal werden soll.

Wie sich im Film die Eltern des MICHEL AUS LÖNNEBERGA leicht seufzend zu ihrem Jungen bekennen, seufzen Flat-Besitzer fast ein bisschen entschuldigend: »Ich mag halt die Flats!« Den Flat selbst berühren solche traditionalistischen Animositäten nicht. Understatement hat mit ihm nicht grundsätzlich etwas zu tun.

Während seine »Retriever-Verwandten« geduldig und entspannt der Dinge harren, die da kommen, vertreibt sich der junge Flat die Zeit. Eifrig befreit er das Erdreich vom Moos, Holzstöckchen werden sedimentiert und andere Grünpflanzen spektakulär zerkaut. Richtet sich die Aufmerksamkeit dann auf den kleinen oder nicht mehr ganz so kleinen Hund, klebt noch Erde zwischen seinen Zähnen oder ein Holzstöckchen steckt schief im Gaumen fest. Übereifrig und dabei großes Aufsehen erregend bemüht er sich, sein Dilemma zu beseitigen, erfolglos, er braucht Hilfe. Je nach Zusammensetzung der Runde bekommt er dafür entzückte Lacher oder entnervtes Kopfschütteln: »Ist halt ein Flat.« Die Menschen der Flats versuchen Schadensbegrenzung und wischen sich danach die angesabberten Finger, diskret und vielleicht wieder seufzend am Hosenbein ab. Eine meiner liebsten Freundinnen befestigte sich, solange ihr Flat-Mädchen klein war, ein Sabbertuch direkt an der Dummyweste. Optisch eine Katastrophe und Nicht-Flat-Haltern schwer zu vermitteln, in ihrem Fall aber durchaus sinnvoll.

Junge Flats erinnern mich immer an Fohlen. Die Beine staksig, wenig stabil und viel zu lang im Verhältnis zum Körper. Der schmale lange Kopf umrahmt von ausgefransten Ohren, das Fell unsicher, ob es sich zu lang und seidig oder kurz und kompakt entwickeln soll.

Ein Blick aus neugierigen Augen, die jeden Umweltreiz erfassen, immer wieder seinen Menschen anblinzeln. Die Augenbrauen wirken, als würden sie tanzen, um seine Zuwendung zu betonen und seine Lebhaftigkeit zu unterstreichen. Nur scheinbar kann dieser kleine Hund kein Wässerchen trüben, dahinter lauert der Schalk. Man sollte die Setter kennen, um den Flat zu verstehen. Seine Freude am Laufen, sich nicht beschränken, weiter gehen, auf Bindung bestehen und sich dabei Unabhängigkeit bewahren. Nicht zuletzt seine Vitalität, die er sich ein Leben lang bewahrt.

Seine Ausbildung verlangt vielleicht noch etwas mehr Geduld, als Hundeausbildung sowieso schon erfordert. Die Flats sind lange Kind. Stellt man sich darauf ein und beginnt vieles spielerisch mit dem kleinen Hund, dann lernt der Flat unbekümmert. Seine Begeisterung an der gemeinsamen Sache und die ihm geschenkte Aufmerksamkeit von Herrchen und Frauchen lassen ihn wachsen. Dann traut er sie sich Dinge, bei denen er unter Erwartungsdruck blockieren würde.

Oft sind die Flats bei den Basics wie Konzentration, Geduld, Leinenführung noch unzuverlässig oder unruhig, schwimmen dafür jedoch schon ehrgeizig ans andere Ufer. Hat ein Flat einmal keine Lust und probt den Aufstand, geschieht dies sehr subtil. Als Mensch weiß man dann nicht so genau, ob der Schatz das Kommando nicht kennt, nicht kann oder ob er nicht will.

Denke ich an die Flat Coated Retriever, baut sich vor meinem inneren Auge ein recht typisches Bild einer Trainingssituation auf: Während der Trainer dem Besitzer die Übung erklärt und beide konzentriert nach vorn blicken, blinzelt der Flat mal kurz an den Hosenbeinen vorbei nach hinten, zur Seite und einmal im Kreis. Die flauschigen Ohren wunderfitzig in Vorfreude gespannt.

Die Herausforderung, sich und seinen Hund auf die Übung zu fokussieren, liegt nun beim Besitzer, und wenn dieser über ähnlich viel Temperament verfügt wie sein Hund, gelingt das perfekte Timing manchmal nicht sofort. Beim Zusehen denkt oder flüstert mancher Zuschauer wiederholt: »Ist halt ein Flat.«

Aber auch Flat Coated Retriever werden irgendwann erwachsen. Sie entwickeln sich zu wunderbaren Hunden, die Souveränität ausstrahlen, Ruhe akzeptieren lernen, ohne dabei ihre Lebhaftigkeit und Jugendlichkeit aufzugeben. Ihr doch beachtliches Interesse an Wild und an der Jagd prädestiniert sie für eine jagdliche oder jagdnahe Ausbildung.

Während der großräumigen Suche, wenn der Hund beim Spiel mit dem Wind ins Laufen kommt und sein seidiges Fell jede Muskelbewegung betont, spielt die Melodie der Flats, und dann singt der verzückte Chor: »Ist halt ein Flat!« /

»Das LEBEN mit einem Hund ist einfach – wie das Leben mit einem IDEALISTEN.«

HENRY LOUIS MENCKEN
US-amerikanischer Schriftsteller

»Hunde BERÜHREN *uns wohl auch deshalb so tief, weil wir die rationale Welt über ein* LEBEN *mit ihnen* LEICHTER *vergessen können.«*

DORIT U. FEDDERSEN-PETERSEN
Ethologin und Fachtierärztin für Verhaltenskunde

»Der liebe Gott in seiner unendlichen Weisheit gab uns DREI DINGE*, um das Leben erträglich zu machen: Hoffnung, Humor und Hunde, das* WICHTIGSTE *aber waren die Hunde.«*

ROBYN DAVIDSON
Schriftstellerin

»Es war LIEBE *auf den ersten Blick.*

Ich schaute in das sanfte Gesicht mit den freundlichen Augen

und ich war SÜCHTIG. *Das war für mich*

der Beginn einer nicht enden wollenden Liebesgeschichte.«

HELEN MCDONALD

Australische Curly-Züchterin

»Wenn du nie einen HUND *geliebt hast,*
hat sich ein Teil deines HERZENS
noch NICHT *geöffnet.«*

VERFASSER UNBEKANNT

»Die Liebe zwischen HUND und MENSCH ist das letzte Idyll, kein Hund wurde je aus dem PARADIES vertrieben.«

MILAN KUNDERA
Tschechisch-französischer Schriftsteller

»Sie waren mehr als nur gute SPÜRNASEN.

Sie zauberten völlig erschöpften Feuerwehrleuten

immer wieder ein LÄCHELN *ins Gesicht.«*

CINDY OTTO

Veterinärin für die 300 Rettungshunde
vom Ground Zero 9/11

Mucho
Rettungshund

WELCOME TO

GLADRAGS

DAS INTERVIEW FÜHRTE
ANNETTE PRÄKELT

GLADYS und HAYDN PHILLIPS führen seit über 40 Jahren den bekannten Curly-Coated-Kennel Gladrags in England. Gladrags Curlys haben bei den Crufts bisher insgesamt neunmal den Titel »Best of Breed« geholt und zehnmal »Best of Opposite Sex«. Das ist mehr als die meisten anderen Aussteller geschafft haben.

WER WAR IHR ERSTER CURLY?

Unseren allerersten Curly haben wir bereits 1975 vom Darleyn Kennel bekommen. Sein vollständiger Name war SH CH DARELYN CRISPIAN. Er war ein wunderschöner leberfarbener Rüde. Als wir ihn abholten, fiel uns eine lebhafte Hündin aus einem anderen Wurf auf, die auf ein neues Zuhause wartete. Wir waren dieser bildhübschen Hündin sofort verfallen und so kehrten wir bereits zwei Wochen später zum Darleyn Kennel zurück und nahmen sie einfach auch mit nach Hause. Das waren unsere Anfänge mit dieser einzigartigen Rasse und ist jetzt schon über 40 Jahre her. In dieser Zeit haben wir mehr als 40 Würfe mit über 200 Welpen großgezogen. Davon wurden 30 Hunde Britische Show Champions. Wir haben auch viele Welpen ins Ausland verkauft, die dort viele Titel gewonnen haben. Wo ist nur die Zeit geblieben?

WAS WÜNSCHEN SIE SICH VON IHREN WELPENKÄUFERN?

Für uns ist der ideale Welpenkäufer jemand, der seinem Hund ein Leben lang ein treuer Freund und Begleiter ist. Aber leider sind diese Menschen nicht immer einfach zu finden.

WAS IST DAS BESONDERE AN DER RASSE?

Natürlich denkt jeder Hundebesitzer, dass seine Rasse etwas Besonderes ist. Curly-Besitzer sind da keine Ausnahme. Einer der Gründe

ist sicherlich ihr Temperament. Sie sind gegenüber ihren Besitzern sehr anhänglich, wenn sie richtig und mit Respekt behandelt werden. Dann werden sie alles tun, was man von ihnen erwartet. Sie geben so viel, wie sie bereit sind zu nehmen, und nehmen so viel, wie sie bereit sind zu geben.

Sie mögen keine unfreundliche, raue Behandlung, aber eine ruhige und freundliche Ansprache wirkt Wunder. Der Curly ist ein Hund mit vielen Talenten, geeignet für den Showring, für die Retrieverarbeit, Obedience und vieles mehr, und ganz sicher ist er ein sehr guter Wachhund. Curlys sind denkende Hunde mit einem exzellenten Erinnerungsvermögen.

WIE BEREITEN SIE SICH UND IHRE HUNDE AUF AUSSTELLUNGEN VOR?

Wir beginnen etwa sechs Tage vor einer Show mit den Vorbereitungen. Zuerst wird der auszustellende Hund grob getrimmt, drei Tage vor der Ausstellung wird er gebadet und am nächsten Tag bekommt er den letzten Feinschliff durch ein weiteres Trimmen. Auch wir als Handler bemühen uns, neben dem Hund gut auszusehen, denn schließlich soll es ein harmonisches Bild sein.

30 Minuten bevor wir in den Ausstellungsring gehen, wird der Hund nochmals eingesprüht, wir nehmen dafür kaltes Wasser. *That's all!* Natürlich gehen wir fast jedes Jahr zur Crufts, was die größte Hundeausstellung weltweit ist, und wir haben auch unseren Anteil an Siegern gestellt.

WAS SIND IHRE HOFFNUNGEN FÜR DIE ZUKUNFT DER RASSE?

Wir hoffen sehr, dass der Curly in 100 Jahren noch genauso aussieht und sich benimmt wie heute und dass es niemals ein Modehund wird.

Der Einfluss der Gladrags-Blutlinien kann heute in den meisten züchtenden Curly-Zwingern gefunden werden. /

»Nehmen wir mal einen LABRADOR.
Bei einem ERDBEBEN *bemerkt er es erst,*
wenn der Napf in die SPALTE *gerutscht ist.«*

MARTIN RÜTTER
Hundetrainer

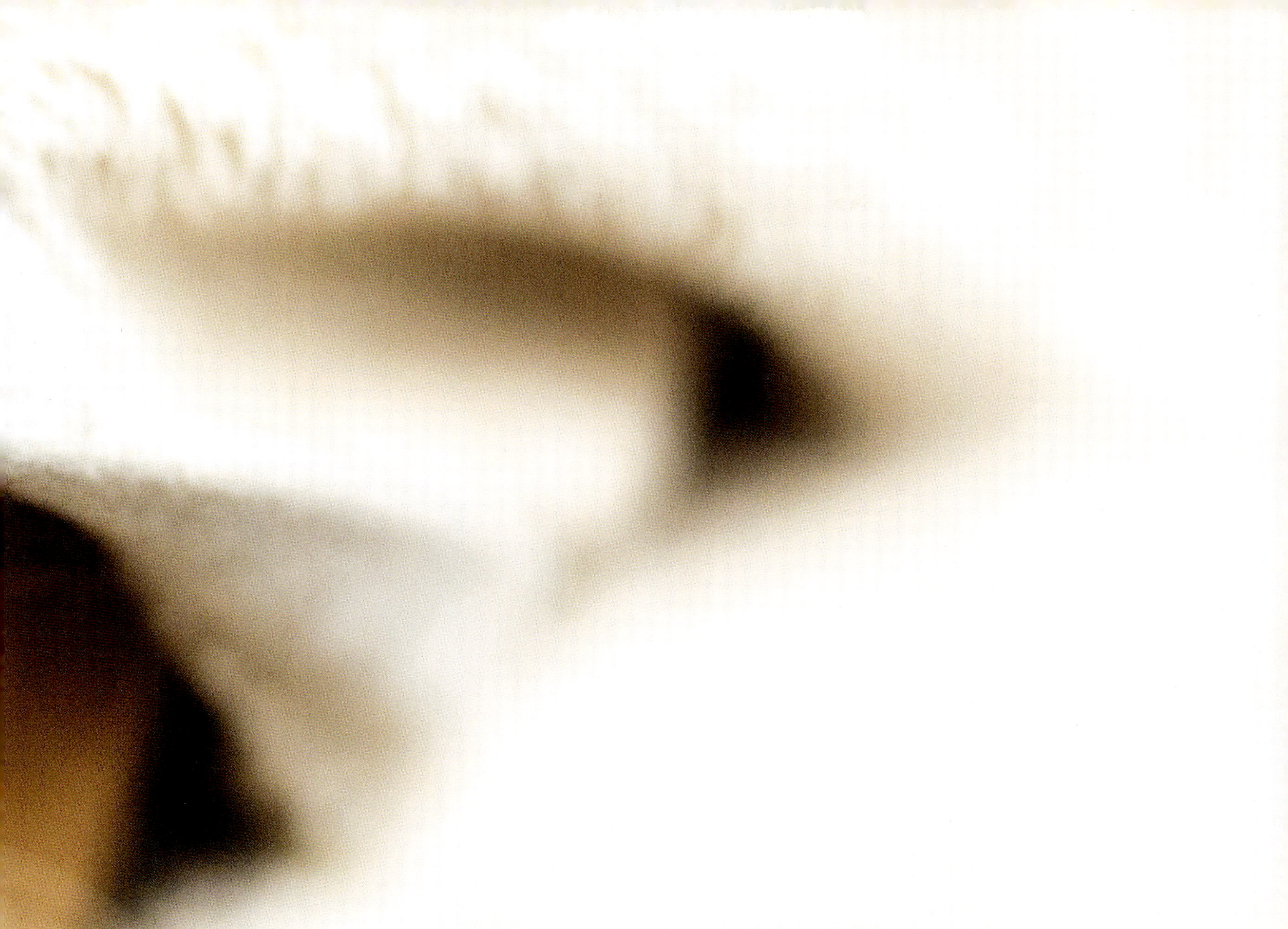

»Je älter ein ***HAUSTIER*** *wird,*
umso mehr bedarf es der
verständnisvollen ***LIEBE*** *des Menschen.«*

PAUL EIPPER
Deutscher Schriftsteller

KAPITEL 04

GRAUE

IN DIE JAHRE GEKOMMEN

SCHNAUZEN

»Es gibt KEINE TREUE,
die NICHT *gebrochen worden wäre,*
außer der eines WAHRHAFT *treuen Hundes.«*

KONRAD LORENZ
Österreichischer Zoologe und
Medizin-Nobelpreisträger

»Warum erfüllt es einen mit purem GLÜCK,
wenn man einem Hund zusieht,
wie er einfach nur HUND ist?«
JONATHAN SAFRAN FOER
US-amerikanischer Schriftsteller

ALTER HUND IN NOT

EINE GESCHICHTE VON
ANDREA BUISMANN

Nach fünf Jahren eigener Zucht mit fünf Würfen war mein ältester Labrador verstorben und somit der Platz des Rentners in meinem kleinen Rudel frei. Schon seit einiger Zeit hatte ich den Wunsch, auch einem in Not geratenen Hund zu helfen. Da ich selbst zur der Zeit drei jüngere Hunde hatte, sollte es gern ein alter Labrador sein.

Immer wieder einmal verlieren auch alte Hunde ihr Zuhause, und sie haben es dann besonders schwer bei der Vermittlung. Wer möchte schon gern einen zehn, elf oder zwölf Jahre alten Hund, der nur eingeschränkt beschäftigt und nicht mehr auf längere Ausflüge mitgenommen werden kann? Der eventuell an der ein oder anderen Alterskrankheit leidet und tierärztlich versorgt werden muss?

Und den man gerade dann, wenn man ihn lieb gewonnen hat, viel zu früh und nach viel zu kurzer Zeit bereits wieder gehen lassen muss? Denn die Zeit mit einem alten Hund ist nur sehr begrenzt. Doch junge Hunde, mit denen ich aktiv sein konnte, hatte ich schon genug. Wie ich leider selbst schon erfahren musste, weiß man nie vorher, wie lange die Zeit sein wird, die man mit seinen Hunden teilen darf. Auch ein junger Hund verlässt uns manchmal einfach viel zu früh. Ein Hund kennt keine Sorgen um Vergangenheit und Zukunft, er lebt im Hier und Jetzt. Und genauso sollten wir das Leben mit unseren Hunden auch angehen: jeden gemeinsamen Augenblick genießen.

Ein Jahr lang habe ich das Internet durchforstet und auf den Vermittlungsseiten der Vereine für in Not geratene Retriever nach einem passenden Hund gesucht. Denn gerade wenn bereits mehrere Hunde im Rudel leben, muss der neu hinzukommende Hund auch in das Rudel passen. Alte Hunde bringen oft ja bereits ein Päckchen an Erfahrungen und Erlebnissen mit. Veränderungen können aber nur noch langsam und auch nur begrenzt erfolgen. Doch das lange Warten hatte sich gelohnt, ich entdeckte auf einer der Vermittlungsseiten die elfjährige Labrador-Hündin BELLA. Sie kam von einem Vermehrer, wo sie wohl schon viele Würfe hatte, und durfte nun, nach der Erfüllung ihrer Aufgaben, gehen.

BELLA war seit drei Monaten bei einer Pflegefamilie untergebracht und hatte sich dort gut eingelebt. Sie war mit ganzen 44 Kilogramm Kampfgewicht eingezogen und hatte mittlerweile einiges abgenommen. Mit den Hunden der Familie verstand sie sich gut, und auch Menschen gegenüber war sie offen. Es hörte sich nach dem perfekten Hund für uns an. Also nahm ich Kontakt auf und durfte BELLA kennenlernen. Ich wusste sofort: »Das ist mein Hund!«

Nach nur drei Wochen zog BELLA bei uns ein. Die erste Autofahrt war für sie sehr aufregend, sie wollte erst gar nicht einsteigen. Autofahren kannte sie noch nicht wirklich. Mit einigen Stückchen Fleischwurst glückte es dann aber, sie davon zu überzeugen, mitzukommen. Die Fahrt verlief relativ ruhig, BELLA war aber natürlich sehr aufgeregt.

Mit meinen Hunden durfte sie dann erst einmal draußen bei einem Spaziergang Kontakt aufnehmen. Ganz souverän begrüßte sie alle, danach ging es nach Hause. Dort wurde alles neugierig inspiziert. Und genauso neugierig und offen hat sie nach und nach alles kennengelernt, was im Leben wichtig ist. Nach wenigen Tagen hatte sie sich bereits gut eingelebt, und auch meine Hunde hatten akzeptiert, dass sie wohl für länger bleibt.

Nun lebt BELLA seit sechs Monaten bei uns und ist aus unserem Rudel nicht mehr wegzudenken. Sie würde niemals weglaufen, denn sie will immer in meiner Nähe sein. Zu ihrem Leidwesen hat sie noch weiter abgenommen und mit 27 Kilogramm ihr Idealgewicht erreicht.

Wer nun denkt, dass alte Hunde nicht mehr lernen können, hat weit gefehlt. BELLA hat in ihrem Leben vermutlich noch nie irgendetwas apportiert. In kleinen Schritten habe ich mit ihr das Apportiertraining mit dem Futterbeutel aufgebaut. Schnell hat sie verstanden, dass es sich lohnt, ihn zu bringen. Sie liebt mittlerweile das Apportieren und bringt mit Begeisterung jeden Ball und jedes Dummy! Die Entscheidung, BELLA zu mir zu holen, war genau richtig, und ich kann jedem, der sich mit dem Gedanken trägt, einen Labrador aus dem Tierschutz aufzunehmen, nur empfehlen, auch einem älteren Hund ein neues Zuhause zu geben.

Die graue Schnauze, der Blick in die weisen Augen, die dankbar zu einem aufsehen – kann es etwas Schöneres geben? /

»*HUNDEN* *macht es nichts aus,*
in peinlichen Situationen
FOTOGRAFIERT *zu werden.*«

ELLIOTT ERWITT
US-amerikanischer Fotograf

ER IST HÖCHST UNKLUG, DER HUND

Du bist sein Kumpel. Das genügt ihm.
Und was immer das Leben bringen mag, Glück oder Unglück,
hohes oder geringes Ansehen, Ehre oder Schande,
er bleibt an deiner Seite, tröstet dich,
passt auf dich auf, gibt sein Leben für dich,
wenn es sein muss – törichter, dummer, seelenloser Hund!

JEROME K. JEROME
Englischer Autor

ALTER IST EIN BÖSER FEIND DER JUGEND

EINE GESCHICHTE VON
ANNETTE PRÄKELT

Der Prozess des Alterns setzt meist schleichend ein. Bei uns machte sich das Alter in der Länge unserer morgendlichen Runde als Erstes bemerkbar. MALOU, obwohl schon elf Jahre alt, hatte bis zu diesem Zeitpunkt nie ein Problem mit langen Unternehmungen, sprang mit den Jungen über die Wiesen und Wege und war – glücklich.

Irgendwann fiel mir auf, dass sie, gerade morgens, immer weiter zurückblieb. Meine anderen Hunde und ich standen dann an der nächsten Ecke und warteten ab, wann sie sich zu uns gesellen würde. Die Intervalle wurden länger, trotzdem versuchte sie, im Rudel mitzuhalten, schließlich war sie immer noch deren Chefin.

Aber es fiel ihr sichtbar immer schwerer. Gerüche, die sich an jedem Strauch und manchen Ecken fanden, schienen täglich interessanter und mussten genauestens untersucht werden. Eine gewisse Sturheit, die sie allerdings schon seit der Welpenzeit pflegte, wurde ebenfalls deutlich ausgeprägter, gepaart mit zunehmender Schwerhörigkeit. Doch wenn sie ein Ziel hatte, konnte fast nichts sie aufhalten und sie entwickelte urplötzlich eine ungeahnte Energie. Was mich öfter einmal dazu brachte, einen Sprint einzulegen, um sie von irgendetwas abzuhalten. Meistens war es ein ihr vermeintlich bekannter Mensch oder ein angeleinter Hund, der uns kläffend entgegenkam.

Dem wollte sie dann nur verdeutlichen, dass sie, als Rudelchefin, immer noch – wenn auch nur theoretisch – in der Lage sein könnte, auf die anderen aufzupassen und deren Interessen zu vertreten. Freundlich, aber bestimmt, mit aufgerichteter Rute. Meistens hatte ich sie vorher schon eingeholt und am pöbelnden Gegenüber vorbeigeschleust. Meine anderen Hunde waren längst desinteressiert weitergelaufen.

Unsere täglichen Spaziergänge wurden immer kürzer, dauerten aber mindestens genauso lange wie vorher. Irgendwann brauchten wir für einen knappen Kilometer etwa eine halbe Stunde, aber sie hatte ausgiebig ihre *Zeitung* gelesen und die neuesten Informationen gesammelt. Dabei schien sie völlig in ihrer Welt gefangen und gelegentlich schaute sie mich mit einem Blick an, als wolle sie fragen: »Und wer bist du jetzt noch mal?«

Zu Hause schlief MALOU tiefer und fester, inzwischen viele Stunden am Tag, und selbst das Öffnen der Kühlschranktür hatte sie häufig überhört. Die Augen wurden trüber, aber der Blick fürs Wesentliche blieb geschärft: Futter. Hatte ich früher von ihr behauptet, sie könne auch rostige Nägel verdauen, wurde der Magen mit zunehmendem Alter immer sensibler. Glücklicherweise hat sich die Futtermittelindustrie auf mich und mein Problem bestens eingestellt.

Alte Hunde fangen irgendwann an, streng zu riechen. Meist sind die Analdrüsen dafür verantwortlich, sie laufen voll und das Ausdrücken ist für den Hund nicht nur unangenehm, sondern auch schmerzhaft. Deshalb akzeptiert man als Hundebesitzer diesen Geruch als unausweichlich. Ebenso den schlechten Atem, der einem entgegenschlägt, wenn man sich auf Kopfhöhe des Hundes begibt. Der verlangsamte Stoffwechsel tut sein Übriges, jedenfalls riecht irgendwann der ganze Hund nicht mehr so wohlig wie ein Welpe. Aber das kommt nicht von heute auf morgen, weshalb beim vertrauten Menschen der Prozess der Gewöhnung auch hier eintritt. Und ob er aufs Sofa darf oder nicht, hat ja wohl nichts damit zu tun, ob er ein bisschen nach altem Hund müffelt, oder?

Ich hatte nicht erwartet, dass ich mich an all das so sehr gewöhnen könnte, dass es mir irgendwann fehlen würde. Nachdem MALOU uns an einem winterlichen Sonntag überraschend verlassen hatte, hatte ich plötzlich mehr Zeit! Keine Senioren-steh-Spaziergänge mehr, keine separaten Fütterungen tagsüber, aber auch keine Fernsehabende mit einem etwas streng riechenden, sehr anlehnungsbedürftigen, laut schnarchenden Hund neben mir. Für einen Außenstehenden mag das unverständlich klingen, aber einfühlsame Hundehalter werden es gut verstehen – all das fehlt.

In Erinnerung an Junior's Typical J. Lo, genannt MALOU:
*** 12. August 2002 / † 14. Februar 2016**

»Ein HUND *ist wie ein Herz*

auf vier BEINEN.*«*

IRISCHES SPRICHWORT

»DU DENKST, Hunde kommen nicht in den HIMMEL? Ich sage dir, SIE werden früher dort sein als irgendeiner von uns.«

ROBERT LOUIS STEVENSON
Schottischer Schriftsteller

»Retriever sind für mich die LOYALITÄT *auf vier Beinen. Ich schätze einfach die besondere* VERBINDUNG, *die ich mit ihnen habe.«*

ESTEÉ THUYNSMA
Südafrikanische Labrador- und Golden-Züchterin

JEDES MAL, WENN ICH EINEN HUND VERLIERE,

nimmt er einen Teil meines Herzens mit,
und jeder Hund, der neu in mein Leben tritt,
schenkt mir einen Teil seines Herzens.

Wenn ich nur lang genug leben sollte,
wird jeder Teil meines Herzens *Hund* sein
und ich werde genauso großmütig und liebend
werden wie sie.

VERFASSER UNBEKANNT

DANKE

UTE-KRISTIN SCHMALFUSS vom Kosmos-Verlag für das Lektorat und **RAINER LESNIEWSKI** für die kartographische Unterstützung bei den Rasseporträts.

Unseren Familien für die sachliche und emotionale Unterstützung über den langen Zeitraum der Entstehung dieses Buches. **TATJANA KREIDLER**, Vorsitzende von VITA e.V. ASSISTENZHUNDE, für das wunderbare Vorwort.

Unseren Labradoren **LEO**, **SNIPE**, **GOYA**, **COOKIE**, **SUMMER** († 2016) und **MALOU** (†2016), sowie den Golden-Damen **JULIE**, **JOSIE** und **TAME**, ohne die wir dieses Buchprojekt nie begonnen hätten und die uns jeden Tag aufs Neue zeigen, wie wunderbar es ist, mit Retrievern zu leben.

ÜBER DIE AUTORINNEN

ANNETTE PRÄKELT / www.never-change.de

Konzept & Text

Seit vielen Jahren züchtet ANNETTE PRÄKELT Labradore unter dem Namen Never Change im DRC (Deutscher Retriever Club e.V.). Sie führt alle ihre Hunde mit großer Begeisterung sowohl jagdlich als auch auf Workingtests im In- und Ausland. Die Texte für dieses Buch hat sie geschrieben und gesammelt.

VERENA BEGEMANN / www.eyecon.de

Konzept & Design

Eine wind- und wettererprobte Outdoor-Begeisterung, jede Menge Hund und ein ausgewachsener Spaß an Geschichten überzeugten VERENA BEGEMANN dem Buch ein Gesicht zu geben. Heute lebt und arbeitet die Designerin mit ihrer Familie und zwei Labradoren im Herzen Ostwestfalens.

ANNA AUERBACH / www.fotografie-anna-auerbach.de

Fotografie

Während ihres Studiums fand ANNA AUERBACH zur Fotografie, um die Momente des Lebens mit der Kamera festzuhalten. Heute hat sie ihre Leidenschaft zum Beruf gemacht. Sie wohnt sie mit ihrem Freund und drei Golden Retrievern am Rand der Eifel.

ZUM WEITERLESEN

Wir danken allen Gastautorinnen und -autoren dieses Buches für die liebevollen Geschichten über ihre Retriever-Rasse. Ihre Geschichten erzählen sie im Netz weiter.

CHARLOTTE KIEPKER / www.schlottes-golden-retriever.com
JULIA BIRK / https://huntingdogs-blog.com
ULRIKE SCHLÖGELL / www.x-winds.de
ANDREA BUISMAN / www.speed-n-style.de
GLADYS & HADYN PHILLIPS / http://gladragsgundogs.co.uk
ANNETTE PRÄKELT / www.never-change.de

NÜTZLICHE ADRESSEN

VERBAND FÜR DAS DT. HUNDEWESEN E.V. (VDH)
Postfach 104154 / D-44041 Dortmund
info@vdh.de www.vdh.de

DEUTSCHER RETRIEVER CLUB E.V. (DRC)
Dörnhagener Str. 13 / D-34302 Guxhagen
office@drc.de / www.drc.de

LABRADOR CLUB DEUTSCHLAND E.V. (LCD)
Overhagenweg 4 / 48653 Coesfeld
office@lcd-labrador.de / www.labrador.de

GOLDEN RETRIEVER CLUB E.V. (GRC)
Lindenweg 52 / 42781 Haan
buero-kuboth@grc.de / www.grc.de

ÖSTERREICHISCHER RETRIEVER CLUB (ÖRC)
Ostbahnbegleitstr. 2/24 / A-1220 Wien
office@retrieverclub.at / www.retrieverclub.at

RETRIEVER CLUB SCHWEIZ (RCS)
Im Schachenhof 42 / CH-8906 Bonstetten
sekretariat@retriever.ch / www.retriever.ch

AUS DEM KOSMOS-VERLAG

BIRGIT RABE & SUSANNE BONA
Golden Retriever

ANJA MÖLLER
Kosmos-Buch Labrador Retriever

ANJA MÖLLER & ASTRID BRAUN
Labrador Retriever:
Auswahl, Haltung, Erziehung, Beschäftigung

NORMA ZVOLSKY
Die Kosmos Retrieverschule:
Grunderziehung und Dummytraining

NORMA ZVOLSKY
Trainingsbuch für Retriever

NORMA ZVOLSKY
Retrieverschule für Welpen

BARBARA HANDELMAN
Hundeverhalten: Mimik, Körpersprache und Verständigung,
mit über 800 ausdrucksstarken Fotos

CARSTEN SCHRÖDER
Engelchen und Bengelchen

CARSTEN SCHRÖDER & VERENA BEGEMANN
Entenjäger und Dummyträger

TATJANA KREIDLER & ULRIKE EICHIN
Der Hund an meiner Seite

QUELLEN-ANGABEN

S. 9 / JOHN HALSTEAD gefunden in DR. ISABELLA KRAFT & GARY JOHNSON: Labradors 2000, British Field and Working Trial Champions 1994–99, British Bench Champions 1991–99, Denmark, Seite 17

S. 13 / PATRICIA BUSCH: Golden Retriever: Das Rasse-Portrait. Kynos Verlag (1993)

S. 21 / THOMAS SCHÄR: Jahrbuch des RCS 2003, gefunden bei ELKE BÖNICKE-KNOBEL, gefunden unter http://www.curly.ch/rassenportrait.shtml (abgerufen am 15.05.17)

S. 29 / PETER BEYTHIEN gefunden in RAINER & MAG. BARBARA ANTESBERGER: Nova Scotia Duck Tolling Retriever – kurz: Toller, in: Wuff-Hundemagazin 04/05, Seite 36 pp, gefunden unter https://www.tollerteam.net/tollerteam-startseite/nova-scotia-duck-tolling-retriever/ (abgerufen am 15.05.17)

S. 35 / BILL TARRANT: Retriever Pups – The Formative First Year, Voyageur Press (1999), Seite 10

S. 42 / RUDYARD KIPLING: The Power of the Dog. (1922), gefunden unter http://www.bartleby.com/364/335.html (abgerufen am 15.05.17)

S. 46 / JEFFREY MASSON: Dogs Never Lie About Love. London, Random House, 2010

S. 49 / TODD R. BERGER: Love of Labs. Mühlenbach/Eifel, Kynos Verlag (1997), Seite 15

S. 53 / VERFASSER UNBEKANNT gefunden unter https://www.labradortoffee.de/zucht-infos/der-labrador/ (abgerufen am 15.05.17)

S. 60 / JAMES MICHENER gefunden in TODD R. BERGER: Love of Labs. Voyageur Press (1998), Seite 15

S. 63 / ROGER A. CARAS gefunden in TODD R. BERGER: Love of Goldens. The Ultimate Tribute To The Golden Retriever. Stillwater, USA (2003): Voyager Press

S. 67 / VERFASSER UNBEKANNT gefunden in ANKE BOGAERTS: Die drei Charaktere, Selbstverlag (2009), Seite 44

S. 76 / GENE HILL gefunden unter Dogquotations.com – Humour and Wisdom About Dogs and Their Owners, http://www.dogquotations.com/gene-hill-dog-quotes.html (abgerufen am 15.05.17)

S. 83 / ROGER A. CARAS gefunden unter Goodreads, www.goodreads.com/author/quotes/85216.Roger_A_Caras (abgerufen am 15.05.17)

S. 91 / JOHN HALSTEAD gefunden in DR. ISABELLA KRAFT & GARY JOHNSON: Labradors 2000, British Field and Working Trial Champions 1994–99, British Bench Champions 1991–99, Denmark

S. 107 / ROBERT F. SCOTT gefunden unter http://www.hunde-poesie.de/sprichworte-zitate/zitate-seite-11.html (abgerufen am 15.05.17)

S. 110 / HENRY WARD BEECHER gefunden unter http://www.hunde-poesie.de/sprichworte-zitate/zitate-seite-6.html (abgerufen am 15.05.17)

S. 117 / JONATHAN SAFRAN FOER gefunden unter http://www.azquotes.com/quote/98217 (abgerufen am 15.05.17)

S. 122 / HENRY LOUIS MENCKEN gefunden in R. MERRIT & M. BARTH: Tausend Hunde. Köln, Taschen Verlag (2008), Seite 330

S. 125 / DR. DORIT URD FEDDERSEN-PETERSEN: Ausdrucksverhalten beim Hund. Mimik und Körpersprache, Kommunikation und Verständigung. Stuttgart, Kosmos Verlag (2008)

S. 128 / ROBYN DAVIDSON gefunden in Hundepfoten Zitate. Band 1 von Thomas Hoffman, Norderstedt, BOD (2004), Seite 42

S. 135 / HELEN MCDONALD: Is a Curly Coated retriever a Dog for you?, gefunden in DOGS Queensland unter https://issuu.com/dogs_queensland/docs/november_dog_world_2016_, Seite 18–23 (abgerufen am 15.05.17)

S. 140 / VERFASSER UNBEKANNT gefunden unter http://www.scotiapride-tollers.com/index.asp?ID=8 (abgerufen am 15.05.17)

S. 144 / MILAN KUNDERA gefunden in R. MERRITT & M. BARTH: Tausend Hunde. Köln, Taschen Verlag (2008), Seite 403

S. 149 / CINDY OTTO gefunden im Original CAMERON KEADY: Heroic 9/11 Rescue Dog Welcome Back To NYC With Treats, Love, Party, gefunden unter http://www.huffingtonpost.com/entry/bretagne-dogs-best-day-barkbox_us_55f19826e4b002d5c0784851 (abgerufen am 15.05.17) in der deutschen Version http://www.bild.de/news/ausland/terroranschlag-911/rettungshuendin-verwoehn-wochenende2-46168518.bild.html (abgerufen am 15.05.17)

S. 164 / Nach MARTIN RÜTTER (www.martinruetter.com) gefunden unter http://fellnasen.dyndns.org/showthread.php?t=10629 (abgerufen am 15.05.17)

S. 169 / PAUL EIPER gefunden unter https://kalalassies.de/hundezitate/ (abgerufen am 15.05.17)

S. 175 / KONRAD LORENZ gefunden in R. MERRIT & M. BARTH: Tausend Hunde. Köln, Taschen Verlag (2008), Seite 88

S. 184 / ELLIOTT ERWITT: Unter Hunden. Zürich, Verlag Der Alltag/Scalo (1992)

S. 186 / JEROME K. JEROME gefunden in R. MERRIT & M. BARTH: Tausend Hunde. Köln, Taschen Verlag (2008), Seite 437

S. 192 / IRISCHES SPRICHWORT gefunden unter www.wuselmutz.de/zitate_hund.htm (abgerufen am 15.05.17)

S. 197 / ROBERT LOUIS STEVENSON: Aphorismen.de. Aphorismen, Zitate, Sprüche und Gedichte, gefunden unter https://www.aphorismen.de/zitat/178639 (abgerufen am 15.05.17)

S. 200 / ESTEÉ THUYNSMA, Züchterin Kinndell Kennel, Südafrika

S. 203 / VERFASSER UNBEKANNT gefunden unter http://www.hunde-poesie.de/trauriges/gedanken-zum-abschied.html (abgerufen am 10.06.17)

BILDNACHWEIS

Alle Farbfotos wurden von Anna Auerbach extra für dieses Buch aufgenommen.

IMPRESSUM

Umschlaggestaltung von Verena Begemann, Bielefeld unter Verwendung von Farbfotos von Anna Auerbach.

Mit 106 Farbfotos

Unser gesamtes Programm finden Sie unter **kosmos.de**.
Über Neuigkeiten informieren Sie regelmäßig unsere
Newsletter, einfach anmelden unter **kosmos.de/newsletter**.

Gedruckt auf chlorfrei gebleichtem Papier

ISBN 978-3-440-14950-8
Redaktion: Ute-Kristin Schmalfuß
Gestaltungskonzept und Satz: Verena Begemann, Bielefeld
Produktion: Andrea Hehn
Druck und Bindung: Print Consult GmbH, München
Printed in Slovenia / Imprimé en Slovènie

FSC
www.fsc.org
MIX
Paper from responsible sources
FSC® C084279